上海市工程建设规范

城镇供水和燃气管网泄漏声学检测与评估技术标准

Technical standard for acoustic leak detection and assessment of urban water supply and gas pipeline networks

DG/TJ 08—2412—2023
J 16907—2023

主编单位：上海市政工程设计研究总院(集团)有限公司
同济大学

批准部门：上海市住房和城乡建设管理委员会
施行日期：2023 年 6 月 1 日

同济大学出版社

2023 上海

图书在版编目(CIP)数据

城镇供水和燃气管网泄漏声学检测与评估技术标准 / 上海市政工程设计研究总院(集团)有限公司，同济大学主编. —上海：同济大学出版社，2023. 9

ISBN 978-7-5765-0896-3

Ⅰ. ①城… Ⅱ. ①上… ②同… Ⅲ. ①城市供水系统—管网—检漏—技术标准—上海②城市燃气—输气管道—管网—检漏—技术标准—上海 Ⅳ. ①TU991. 33-65 ②TU996. 6-65

中国国家版本馆 CIP 数据核字(2023)第 150015 号

城镇供水和燃气管网泄漏声学检测与评估技术标准

上海市政工程设计研究总院(集团)有限公司
同济大学
主编

责任编辑 朱 勇
责任校对 徐春莲
面设计 陈益平

发行 同济大学出版社 www. tongjipress. com. cn
(地址:上海市四平路 1239 号 邮编：200092 电话:021－65985622)
销 全国各地新华书店
刷 浦江求真印务有限公司
本 889mm×1194mm 1/32
2
54 000
2023 年 9 月第 1 版
2023 年 9 月第 1 次印刷
BN 978-7-5765-0896-3
00 元

印装质量问题，请向本社发行部调换 版权所有 侵权必究

上海市住房和城乡建设管理委员会文件

沪建标定〔2023〕43 号

上海市住房和城乡建设管理委员会关于批准《城镇供水和燃气管网泄漏声学检测与评估技术标准》为上海市工程建设规范的通知

各有关单位：

由上海市政工程设计研究总院（集团）有限公司和同济大学主编的《城镇供水和燃气管网泄漏声学检测与评估技术标准》，经我委审核，现批准为上海市工程建设规范，统一编号为 DG/TJ 08—2412—2023，自 2023 年 6 月 1 日起实施。

本标准由上海市住房和城乡建设管理委员会负责管理，上海市政工程设计研究总院（集团）有限公司负责解释。

上海市住房和城乡建设管理委员会

2023 年 1 月 19 日

前　言

根据上海市住房和城乡建设管理委员会《关于印发〈2020年上海市工程建设规范、建筑标准设计编制计划〉的通知》(沪建标定〔2019〕752号)要求，由上海市政工程设计研究总院(集团)有限公司、同济大学会同有关单位开展编制工作。标准编制组经广泛的调查研究，认真总结实践经验，并参照国内外相关标准和规范，在反复征求意见的基础上，制定本标准。

本标准的主要内容有：总则；术语和符号；基本规定；供水管网泄漏声学检测与评估；燃气管网泄漏声学检测与评估；成果要求；附录A；附录B。

各单位及相关人员在执行本标准过程中，如有意见和建议，请反馈至上海市住房和城乡建设管理委员会(地址：上海市大沽路100号；邮编：200003；E-mail：shjsbzgl@163.com)，上海市政工程设计研究总院(集团)有限公司(地址：上海市中山北二路901号；邮编：200092；E-mail：wangjiawei@smedi.com)，同济大学(地址：上海市四平路1239号；邮编：200092；E-mail：wangf@tongji.edu.cn)，上海市建筑建材业市场管理总站(地址：上海市小木桥路683号；邮编：200032；E-mail：shgcbz@163.com)，以供今后修订时参考。

主 编 单 位：上海市政工程设计研究总院(集团)有限公司
同济大学

参 编 单 位：上海城投水务（集团）有限公司供水分公司
上海燃气市北销售有限公司
上海防灾救灾研究所
上海市供水水表强制检定站有限公司
上海市供水调度监测中心
上海燃气工程设计研究有限公司

主要起草人：王　飞　刘澄波　胡群芳　王嘉伟　李　杰
许嘉炯　吴潇勇　张鲁冰　王恒栋　陈明吉
汪瑞清　白金超　刘　军　孙　衍　赫　磊
顾　晨　范晶璟　娄桂云　肖　瑞　张　浩
徐海宁　苏　展　宋朝阳　黄　凯　胡智翔
耿　冰　胡　靓

主要审查人：赵平伟　王家华　顾　军　王雪峰　舒诗湖
张达石　武　伟

上海市建筑建材业市场管理总站

目　次

Contents

1 总　则

1.0.1　为规范城镇供水和燃气管网泄漏声学检测与评估方法，统一相关技术要求，提高管网泄漏检测精度与效率，及时发现和判断管网泄漏，准确查找并定位泄漏点，控制管网漏损，提高管网安全运行水平，制定本标准。

1.0.2　本标准适用于本市供水管网和燃气管网中管径大于等于DN75且小于等于DN2000、运行压力大于等于0.1 MPa的管道泄漏声学检测与评估。其他管径供水和燃气管道可参照执行。

1.0.3　城镇供水和燃气管网泄漏声学检测应做到方案组织安全可靠，保障检测人员和设备安全，并应积极采用新技术和新设备。

1.0.4　城镇供水和燃气管网泄漏声学检测与评估除应符合本标准外，尚应符合国家、行业和本市现行有关标准的规定。

2 术语和符号

2.1 术 语

2.1.1 泄漏点 leak point

供水和燃气管道结构上出现内外部相通的损坏位置，并产生水或气的泄漏处。

2.1.2 管网泄漏检测 leak detection of pipeline networks

使用适当的仪器设备和技术方法，确定管网管道泄漏点的状态与安全的活动。

2.1.3 泄漏声学检测 acoustic leak detection

利用有压管道泄漏点泄漏产生的噪声或振动噪声，采用声学采集分析仪器设备和技术方法开展的泄漏检测。

2.1.4 地面式泄漏检测 ground leak detection

从地面开展的泄漏检测。

2.1.5 接触式泄漏检测 contact leak detection

与管道外壁、阀栓、连接件等接触的泄漏检测。

2.1.6 管内式泄漏检测 in-pipe leak detection

进入管道内部的泄漏检测。

2.1.7 单位时间漏水量 water leakage volume per unit time

泄漏点在单位时间内平均泄漏水的体积。

2.1.8 泄漏点的等效直径 equivalent diameter of leak point

与不规则形状泄漏点产生的泄漏量相当的圆的直径。

2.2 符　号

2.2.1 距离

d——两个传感器间的距离(m)；

d_1——泄漏点离其中一个传感器的距离(m)。

2.2.2 速度

c_1——管壁声波传播速度(m/s)；

c_2——管内声波传播速度(m/s)。

2.2.3 时间

τ——两个传感器间的时间延迟(s)。

2.2.4 泄漏量

Q_w——供水管道泄漏点单位时间泄漏量(L/min)；

Q_g——燃气管道泄漏点单位时间泄漏量(kg/s)。

2.2.5 常数

R——摩尔气体常数；

γ——绝热常数，等压热容和等容热容的比值；

κ——燃气的等熵指数；

C_d——燃气的泄漏系数。

2.2.6 温度

T——燃气温度(K)。

2.2.7 质量

M——燃气的摩尔质量(kg/mol)。

2.2.8 直径

D——泄漏点的等效直径(mm)。

2.2.9 压力

p_a——环境压力(Pa)；

p——燃气管道压力(Pa)。

2.2.10 面积

A——泄漏孔面积(m^2)。

3 基本规定

3.0.1 城镇供水和燃气管网泄漏声学检测应符合下列规定：

1 应充分利用已有的管线和供水、供气状况等可靠的信息资料。

2 选用的检测方法应经济、实用、有效。

3 复杂条件下宜采用多种方法开展综合检测。

4 应避免或减少对管网运行、地面交通等的影响。

3.0.2 开展泄漏声学检测与评估工作应具备检测区域范围内管网分布状况资料，且管道覆土厚度、管径、材质、接口类型、埋设时间、历史泄漏资料以及压力、流量、用户信息等资料应准确、完整，并应掌握检测区域的噪声情况。

3.0.3 城镇供水和燃气管网泄漏声学检测方法应根据管道覆土厚度、管径、材质、接口类型、压力、流速、环境噪声和阀门井/检查井/表井等可接触管道位置等综合确定，可采用噪声、振动等声学方法从地面、管壁或配件、管内等位置进行泄漏检测。

3.0.4 针对区域管网进行泄漏声学检测与评估时，应利用管网信息开展管网风险评价工作，并宜根据初步评价结果、分区计量数据、管网拓扑结构、阀门井/检查井/表井等可接触管道位置等综合确定检测路线。

3.0.5 管网泄漏声学检测工作宜避开风、雨、雪、雷电等恶劣天气和强噪声干扰时段开展。

3.0.6 管网泄漏声学检测使用的仪器设备应按照规定进行保养和校验。

3.0.7 泄漏检测应如实记录泄漏点检测时间、地理位置、管道材质、管径、覆土厚度，并应如实描述泄漏点所在管道部位、泄漏状态、管道上覆土类型、地面类型及周围环境（如施工工地、重型卡车）等客观信息。宜对泄漏点进行声音和影像完整记录。

3.0.8 城镇供水和燃气管网泄漏声学检测作业不应影响供水和供气安全。

3.0.9 城镇供水和燃气管网泄漏声学检测与评估作业安全保护工作应符合现行行业标准《城市地下管线探测技术规程》CJJ 61、《城镇供水管网运行、维护及安全技术规程》CJJ 207 和《城镇燃气设施运行、维护和抢修安全技术规程》CJJ 51 的规定。打钻或开挖时，应防止泄漏燃气管线发生起火、爆炸，并应避免破损管道及相邻其他管线和设施。

3.0.10 现场作业时应做好人身和现场的安全防护工作。工作人员应穿戴有明显标志的工作服，夜间工作时应穿反光背心；工作现场应设置围栏、警示标志和交通标志等。

4 供水管网泄漏声学检测与评估

4.1 一般规定

4.1.1 供水管网应定期进行泄漏检测，应综合考虑管道材质、工作压力、使用年限、周围环境和用户性质等因素确定检测周期，并应符合下列规定：

1 钢管、不锈钢管、球墨铸铁管、PE 管泄漏检测周期不宜超过 6 个月。

2 灰口铸铁、混凝土、玻璃钢夹砂等管材管道检测周期宜为 1 个月，不宜超过 3 个月。

3 邻近施工区域检测周期不宜超过 3 个月。

4 交叉路口、管线近距离交叠、重车压占等区域管道，检测周期不宜超过 3 个月。

5 地震、塌陷等灾害发生后，应立即对受影响的管线进行泄漏检测。

6 重要地区、敏感场所供水管网应适当提高泄漏检测频度。

7 保障期间，保障场所周边供水管网应加强泄漏检测频度。

4.1.2 供水管网泄漏检测应根据管网特征和声学检测方法配置检漏设备。

4.1.3 供水管网泄漏声学检测成果应进行检验，并应符合下列规定：

1 漏水点定位误差不宜大于 1 m。

2 泄漏点检测准确率不应小于 90%。

4.2 供水管网泄漏声学检测流程与方法

4.2.1 城镇供水管网泄漏声学检测与评估的工作程序应包括检测准备、检测作业与数据分析、成果检验、泄漏状态评估。

4.2.2 检测准备应包括资料收集、现场踏勘、检测方法试验和方案编制。检测准备应符合下列规定：

1 应收集掌握供水管网现状资料，并收集检测区域相关的地形地貌、供水压力、供水量、供水用户和以往漏水检测成果等基础资料。

2 现场踏勘应实地调查供水管网现状，核实已有供水管网资料的可利用程度，查看管道腐蚀和附属设施的破损与漏水情况，查明供水管道附近地下排水管道中的水流变化情况及相关工作条件等。

3 检测方法试验宜选择有代表性的管段进行，并应通过试验评价检测仪器设备的适用性和检测方法的有效性。

4.2.3 供水管网泄漏声学检测方法可分为地面式声学检测、接触式声学检测和管内式声学检测。应根据管道材质、管径、覆土厚度、水压、流速、阀门井/表井间距、上覆土类型、地面类型等管网特征进行选择，并可按表 4.2.3 的规定执行。

表 4.2.3 供水管网泄漏声学检测方法

检测位置	检测方法	适用条件
地面式	听音法	覆土厚度≤1.5 m； 管道压力≥0.15 MPa
	地面声学阵列法	覆土厚度≤2.0 m； 管道压力≥0.15 MPa
接触式 （管壁或配件）	听音法	管道压力≥0.15 MPa
	噪声法	管道压力≥0.15 MPa
	相关分析法	管道压力≥0.15 MPa

续表4.2.3

<table>
<tr><th>检测位置</th><th colspan="2">检测方法</th><th>适用条件</th></tr>
<tr><td rowspan="3">管内式</td><td colspan="2">水听器法</td><td>管径≤DN2000；
管道压力≥0.15 MPa</td></tr>
<tr><td rowspan="2">移动式噪声法</td><td>自由移动式</td><td>管径≥DN300；
有开孔条件或有接入口；
支管少或关闭；
管道压力:0.1 MPa～1.7 MPa；
流体流速:0.15 m/s～2.0 m/s</td></tr>
<tr><td>有缆式</td><td>管径≥DN300；
有开孔条件或有接入口；
管道压力:0.1 MPa～1.7 MPa；
流体流速:0.3 m/s～3.0 m/s</td></tr>
</table>

4.3 供水管道泄漏地面式声学检测与定位

4.3.1 供水管道泄漏地面式声学检测与定位可采用地面听音法、地面声学阵列法。

4.3.2 地面听音法可用于漏水点普查和精确定位，应符合现行行业标准《城镇供水管网漏水探测技术规程》CJJ 159 的规定，且应符合下列规定：

1 检测时管道供水压力不应小于 0.15 MPa，环境噪声不宜大于 30 dB。

2 每个测点的听音时间不应少于 5 s；对疑似有漏水异常的测点，重复听测和对比的次数不应少于 2 次，并应沿管道采用S形线路确定漏水异常点位置。

3 可采用机械听音杆或电子听漏仪。

4 当地下供水管道覆土厚度不大于 1.5 m 时，可采用地面听音法；听音杆或拾音器应紧密接触地面，对于草地、松软地面、松软上覆土应使用软土插杆插入地面辅助听音。金属管道的测点间距不宜大于 2.0 m，非金属管道的测点间距不宜大于 1.0 m。漏水异常点附近应加密测点，加密测点间距不宜大于 0.3 m。

4.3.3 地面声学阵列法可用于漏水点普查和精确定位，应符合下列规定：

1 管道水压不应小于 0.15 MPa。

2 管道覆土厚度不宜大于 2 m。

3 地面声学阵列在漏水点普查时，布设间距不宜大于 6 m。精确定位时，布设间距不宜大于 0.3 m。

4 地面声学阵列宜采用三角形布设，数量不宜少于 10 个；对于草地、松软地面、松软上覆土应使用软土插杆插入地面并与传感器刚性连接。

5 地面声学阵列采集环境噪声不宜大于 30 dB，不满足时可采用隔音球降低环境噪声。

6 地面声学阵列单个采集器单点采集时间不应小于 20 s，且数据采集不应少于 3 组。

7 地面声学阵列单次采集区域采集器应同步采集。

8 地面声学阵列单次采集数据应综合分析多个采集器数据，并应通过声场判定泄漏并进行泄漏定位。

4.4 供水管道泄漏接触式声学检测与定位

4.4.1 供水管道泄漏接触式声学检测与定位可采用接触式听音法、噪声法或相关分析法。

4.4.2 接触式听音法应根据检测条件选择管壁听音法、阀栓听音法或钻孔听音法，应符合现行行业标准《城镇供水管网漏水探测技术规程》CJJ 159 的规定，且应符合下列规定：

1 管道供水压力不应小于 0.15 MPa，环境噪声不宜大于 30 dB。

2 每个测点的听音时间不应少于 5 s；对疑似有漏水异常的

测点，重复听测和对比的次数不应少于2次。

3 可采用机械听音杆或电子听漏仪。

4 当采用接触式听音法检测时，听音杆或传感器应直接接触地下管道或管道的附属设施。

5 钻孔听音法应在供水管道漏水异常点处进行精准定位，当采用钻孔听音法检测时，每个漏水异常处的钻孔数量不宜少于3个，两钻孔间距不宜大于0.5 m。

4.4.3 噪声法可采用固定和移动两种设置方式。当用于长期性的漏水监测与预警时，噪声记录仪宜采用固定设置方式；当用于对供水管网进行漏水异常排除时，宜采用移动设置方式。应符合现行行业标准《城镇供水管网漏水探测技术规程》CJJ 159的规定，且应符合下列规定：

1 噪声检测点的布设应满足能够记录到检测区域内管道漏水产生噪声的要求。检测点不应有持续的干扰噪声。

2 噪声法漏水检测的基本程序应符合下列规定：

1）设计噪声记录仪的布设地点；

2）设置噪声记录仪的工作参数；

3）布设噪声记录仪；

4）接收并分析噪声数据；

5）确定漏水异常区域或管段。

3 应根据被检测管道的管材、管径等情况确定噪声记录仪的布设间距。噪声记录仪的布设间距应符合下列规定：

1）应随管径的增大而相应递减；

2）应随水压的降低而相应递减；

3）应随接头、三通等管件的增多而相应递减；

4）当噪声法用于漏点检测预定位时，还应根据阀栓密度进行加密测量，并相应地减小噪声记录仪的布设间距；

5）管径不大于DN300直管段上噪声记录仪的最大布设间距不应超过表4.3.3的规定。

表 4.4.3 管径不大于 DN300 直管段噪声记录仪的最大布设间距(m)

管材	最大布设间距
钢/不锈钢	200
灰口铸铁	150
混凝土	100
球墨铸铁	80
PE/玻璃钢夹砂	60

4 噪声记录仪的布设应符合下列规定：

1) 宜布设在可接触的供水管道、阀门、水表、消火栓等管件的金属部分；

2) 宜布设于分支点的干管阀栓；

3) 实际布设信息应在管网图上标注；

4) 管道和管件表面应清洁；

5) 噪声记录仪应处于竖直状态。

5 噪声记录仪的记录时间宜为夜间 1:00—6:00，时钟应进行定期校准。

6 根据所设定的具体参数确定漏水异常判定标准，并对记录数据和有关统计图进行综合分析，推断漏水异常区域。

7 具有相关分析功能的噪声记录仪宜采用相关分析来进行漏水点定位。

4.4.4 相关分析法可用于漏水点预定位和精确定位。应符合现行行业标准《城镇供水管网漏水探测技术规程》CJJ 159 的规定，且应符合下列规定：

1 管道水压不应小于 0.15 MPa。

2 当采用相关分析法检测管径不大于 DN300 的管道时，相邻两个传感器的最大布设间距宜符合本标准表 4.4.3 的规定，布设间距应随管径的增大而相应地减小。

3 传感器的布设应符合下列规定：

1）应确保传感器放置在同一条管道上；

2）传感器宜竖直放置，并应确保与管道接触良好；

3）管道和管件表面应清理干净，确保探头可牢固的吸附在管道上；

4）宜布设在可接触的供水管道、阀门、水表、消火栓等管件的金属部分。

4 应准确测定两个传感器之间管段的长度。应准确输入管长、管材和管径等信息，并根据管道声波传播速度进行泄漏点定位。管道泄漏点采用相关分析法进行定位（图 4.4.4）：

$$d_1 = \frac{d - c_1 \tau}{2} \tag{4.4.4}$$

式中：d——两个传感器的间距（m）；

d_1——泄漏点距离传感器 1 的距离（m）；

c_1——管壁声波传播速度（m/s），需要根据管材、管径等信息确定管壁声波的频散曲线，根据泄漏信号间的主频区间选择对应的传播速度；

τ——两个传感器采集信号的时间延迟（s），一般可由互相关函数求得。

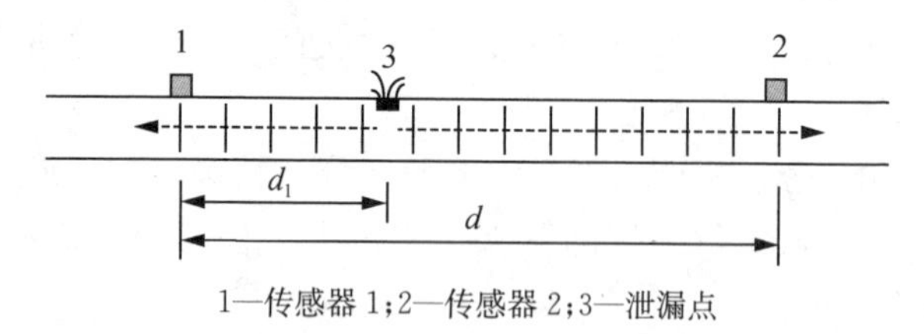

1—传感器 1；2—传感器 2；3—泄漏点

图 4.4.4 供水管道泄漏点定位相关分析法示意图

4.5 供水管道泄漏管内式声学检测与定位

4.5.1 供水管道泄漏管内式声学检测与定位可采用管内水听器

法、管内移动式噪声法。管内移动式噪声法分为自由移动式和有缆式。

4.5.2 管内式声学检测时不应影响供水水质安全与正常运行。

4.5.3 管内水听器法可用于长距离大口径供水管网泄漏检测与长期监测，应符合下列规定：

1 管道水压不应小于 0.15 MPa。

2 管径小于等于 DN300 的管道，检测范围宜在 1 000 m 以内；管径大于 DN300 的管道，检测范围宜在 500 m 以内；管径大于等于 DN1000 的管道，检测范围宜在 200 m 以内。

3 如有需要，可在一根管段上布设 2 个水听器，通过相关分析确定疑似漏水点。

4.5.4 管内自由移动式检测应符合下列规定：

1 管道内径应满足 300 mm 及以上。

2 检测前应进行压力和流速测量，管道压力应为 0.1 MPa～1.7 MPa，流体流速应为 0.15 m/s～2.0 m/s；若压力和流速不满足要求，应在检测期间适当预调节。

3 检测管段内不应有遮挡管路通道影响设备通过的附属装置，检测管线不宜有太多分支，检测期间宜关闭管径大于 DN75 的支管。

4 投放点外部净空不小于 1.5 m，回收点外部净空不小于 3.0 m。

5 投放点和回收点可选择 DN100/DN150 闸阀，闸阀口应正对阀井口中心位置；若现场条件不符合，应提前带压开孔并安装闸阀，闸阀口应垂直向上。

6 检测完毕后，应回收检测器和关闭闸阀。

4.5.5 管内有缆式检测应符合下列规定：

1 管道内径应满足 300 mm 及以上。

2 检测前应进行压力和流速测量，管道压力应为 0.1 MPa～1.7 MPa，流体流速应为 0.3 m/s～3.0 m/s。

3　检测区域内单个管道弯度≤90°,累计弯度<270°。

4　检测管段内不应有遮挡管路通道影响设备通过的附属装置。

5　检测/回收孔应满足检测要求,并应选取在不影响正常交通的路段。

6　地面定位人员应通过定位仪跟随检测器前进,每隔一段距离应进行一次定位并确认管线方向,并应保证其行进方向与管线方向一致。

7　确定泄漏点或异常点,定位人员应在相应地面位置实时标记。

8　检测完毕后,应回收检测器和关闭闸阀。

4.6　供水管网泄漏状态评估

4.6.1　供水管网泄漏状态评估分为管道泄漏状态评估和管网泄漏状态评估。

4.6.2　管道泄漏状态应根据泄漏点单位时间漏水量(Q_w)进行评价,应符合表4.6.2的规定。

表4.6.2　管道泄漏状态评估等级

等级	Q_w(L/min)		
	管径<DN300	DN300≤管径<DN1000	管径≥DN1000
Ⅰ级	$Q>50$	$Q>200$	$Q>800$
Ⅱ级	$10<Q\leq50$	$50<Q\leq200$	$200<Q\leq800$
Ⅲ级	$0<Q\leq10$	$0<Q\leq50$	$0<Q\leq200$
Ⅳ级	$Q=0$	$Q=0$	$Q=0$

4.6.3　应根据管道泄漏检测和评估,进行区域管网泄漏状态评估。管道泄漏状况应采用同一检测周期内的泄漏点数量和泄漏量综合进行评估。管网评估等级应采用管网泄漏状况或管道结构性状中较高等级确定,应符合表4.6.3的规定。

表 4.6.3　管网泄漏状态评估等级

等级	管网泄漏状况			管道结构性状况
	管径＜DN300	DN300≤管径＜DN1000	管径≥DN1000	
Ⅰ级	平均每 10 km 存在下列条件之一： 1）泄漏点数＞10； 2）Ⅰ级漏点数≥2	平均每 10 km 存在下列条件之一： 1）泄漏点数＞5； 2）Ⅰ级漏点数≥2	平均每 10 km 存在下列条件之一： 1）泄漏点数＞4； 2）Ⅰ级漏点数≥1	平均每 10 km 存在下列条件之一： 1）管道断裂位置数≥1； 2）管道出现管体破裂或接口断裂位置数≥2
Ⅱ级	平均每 10 km 存在下列条件之一： 1）5＜泄漏点数≤10； 2）Ⅱ级漏点数≥3； 3）Ⅰ级漏点数≥1	平均每 10 km 存在下列条件之一： 1）2＜泄漏点数≤5； 2）Ⅱ级漏点数≥3； 3）Ⅰ级漏点数≥1	平均每 10 km 存在下列条件之一： 1）2＜泄漏点数≤4； 2）Ⅱ级漏点数≥2	平均每 10 km 存在下列条件之一： 1）管道出现管体破裂或接口断裂位置数≥1； 2）接口密封失效位置处≥3
Ⅲ级	平均每 10 km 存在下列条件之一： 1）0＜泄漏点数≤5； 2）Ⅱ级漏点数≥1	平均每 10 km 存在下列条件之一： 1）0＜泄漏点数≤2； 2）Ⅱ级漏点数≥1	平均每 10 km 存在下列条件之一： 1）0＜泄漏点数≤2； 2）Ⅱ级漏点数≥1	平均每 10 km 存在下列条件之一： 1）管道或接口出现局部微小破裂、破坏现象位置数≥1； 2）接口密封失效位置处≥2
Ⅳ级	平均每 10 km 无泄漏点	平均每 10 km 无泄漏点	平均每 10 km 无泄漏点	无破损

5 燃气管网泄漏声学检测与评估

5.1 一般规定

5.1.1 燃气管网应定期进行泄漏检测，检测周期应符合下列要求：

1 PE管道和设有阴极保护的钢质管道，泄漏检测周期不应超过1年。

2 铸铁管道和未设阴极保护的钢质管道，泄漏检测周期不应超过半年。

3 管道附属设施的泄漏检测周期应小于等于与其相连接管道的泄漏检测周期。

4 管道运行时间超过设计使用年限的1/2，检测周期应缩短至原周期的1/2。

5.1.2 燃气管网泄漏检测应综合考虑管道材质、工作压力、使用年限、周围环境和用户性质等因素，并应满足下列要求：

1 新建工程通气投运，应在24 h内完成首次泄漏检测。

2 老旧管线、大型道路施工及小区改造区域内管线应增加泄漏检测频度。

3 漏气多发、重车占压、电气轨道沿线、立交桥附近等运行状态较差的管线应增加泄漏检测频度。

4 发生地震、塌方、洪涝等自然灾害后，应立即对受影响的管线进行泄漏检测。

5 重要地区、敏感场所燃气设施应适当提高泄漏检测频度。

6 保障期间，保障场所周边燃气设施应加强泄漏检测频度和力度。

7 管道附属设施、管网工艺设备在更换式检修完成通过后，应立即进行泄漏检测，并在 24 h～48 h 内进行一次复测。

5.1.3 燃气管网泄漏检测应根据管网设施位置、类型等配置检漏设备。

5.1.4 采用声学检测时，燃气管网泄漏检测成果应进行检验，并应符合下列规定：

1 泄漏点检测准确率不应小于 90％。

2 泄漏点定位误差不应大于 1 m。

5.1.5 埋地燃气管道检测孔检测或开挖检测前应核实地下管道的详细资料，不得损坏燃气管道及其他市政设施。

5.1.6 开挖前应根据燃气泄漏程度确定警戒区，并应设立警示标志，警戒区内应对交通采取管制措施，严禁烟火，严禁无关人员入内。

5.1.7 开挖过程中，应随时监测周围环境的燃气浓度。

5.2 燃气管网泄漏声学检测流程与方法

5.2.1 燃气管网泄漏检测与评估的工作程序应包括检测准备、检测作业与数据分析、成果检验、泄漏状态评估。

5.2.2 燃气管道的常规泄漏检测宜按泄漏初检、泄漏判定和泄漏点定位的程序进行。燃气管道附属设施的泄漏检测宜按泄漏初检和泄漏点定位的程序进行。

5.2.3 燃气管网泄漏检测方法应根据检测项目和检测程序进行选择，并可按表 5.2.3 的规定执行。当同时采用 2 种以上方法时，应以仪器检测法为主。

表 5.2.3 燃气管网泄漏检测方法

<table>
<tr><th colspan="2" rowspan="2">检测项目</th><th colspan="3">检测程序</th></tr>
<tr><th>泄漏初检</th><th>泄漏判定</th><th>泄漏点定位</th></tr>
<tr><td rowspan="2">管道</td><td>埋地</td><td>仪器检测、环境观察</td><td>气相色谱分析</td><td>仪器检测、检测孔检测或开挖检测</td></tr>
<tr><td>架空</td><td colspan="3">激光甲烷遥测、声学成像仪</td></tr>
<tr><td colspan="2">管道附属设施</td><td>仪器检测、环境观察</td><td>—</td><td>气泡检漏</td></tr>
</table>

5.2.4 燃气管网泄漏检测中仪器检测可采用气体仪器检测和声学仪器检测。

1 气体仪器检测可采用车载检漏仪、手推车载检漏仪或手持检漏仪等检测方法进行泄漏检测，应符合现行行业标准《城镇燃气管网泄漏检测技术规程》CJJ/T 215 的有关规定。

2 声学仪器检测可采用声学成像仪、声压传感器、振动传感器等检测方法进行泄漏检测。埋地管道宜采用声压传感器、振动传感器等检测方法。

5.2.5 燃气管网泄漏声学检测方法可分为管内式声学检测、接触式声学检测和声学成像仪检测。应根据管网材质、管径、覆土厚度、压力、阀门井/检查井/表井间距等管网特征进行选择，并可按表 5.2.5 的规定执行。

表 5.2.5 燃气管网泄漏声学检测方法

检测方法	检测位置	检测设备	适用条件
管内式声学检测	管内	声压传感器	金属管材，PE 管材加密使用； 管道有接入口； 管道压力≥0.1 MPa
接触式声学检测	管壁或配件	加速度传感器	金属管材； 管道有外露位置； 管道压力≥0.15 MPa
声学成像仪检测	架空管或露明附属设施	声学成像仪	管道或设施可见； 环境噪声≤40 dB

5.2.6 埋地燃气管道泄漏检测应注意查找燃气异味，并应观察燃气管道周围积水等环境变化情况。当发现下列情况时，应进行泄漏判定：

1 空气中有异味或有气体泄出声响。

2 水面冒泡、植被枯萎等。

5.2.7 埋地燃气管道泄漏判定应判断是否为燃气泄漏及泄漏燃气的种类。经判断确认为燃气泄漏后，应立即查找泄漏点。

5.2.8 架空燃气管道和露明附属设施可采用声学成像仪进行燃气泄漏检测与定位，检测距离不应超过检测仪器的允许值。

5.3 燃气管道泄漏管内式声学检测与定位

5.3.1 管内式声学检测法应通过布设声压传感器测量沿管道内传播的泄漏噪声，可判断燃气管网是否发生泄漏，并对泄漏点进行定位。

5.3.2 管内式声学检测法宜采用固定布设方式，用于长期性的燃气管网监测。

5.3.3 管内式声学检测法所使用的声压传感器设备应符合下列规定：

1 时钟应在检测前设置为同一时刻。

2 传感器分辨率应优于 0.5 Pa。

3 应定期检验和校准。

5.3.4 采用管内式声学检测法应具备下列条件：

1 管道压力不应小于 0.1 MPa。

2 检测管道的管材宜为钢管和球墨铸铁管，对 PE 管宜适当增加传感器布设密度。

3 采样时环境噪声不宜大于 40 dB。

4 声压传感器安装不应影响管网运行。

5.3.5 声压传感器频率响应范围宜为 0 Hz～2 000 Hz，采样率不小于 4 000 Hz。

5.3.6 传感器布设范围内不应有持续的干扰噪声。

5.3.7 当采用管内式声学检测法进行燃气管道检测时，每个测点的数据采集时间不应少于 60 s；对疑似燃气泄漏的异常点，重复采集的次数不应少于 5 次，并宜辅以其他检测设备同时进行检测。

5.3.8 传感器的布设应符合下列规定：

1 传感器应布设在同一条管道上。

2 传感器应竖直布设，并确保与管道接触良好。

3 传感器宜在管道铺设时利用专用接口安装，对于已铺设的管线，宜利用放散口、压力表等接口接入；有开孔条件时，可增设专用接口。

4 宜布设在检查井或阀门井中。

5.3.9 传感器的布设间距应符合下列规定：

1 对于管径不大于 DN300 的钢管和球墨铸铁管直管段，最大布设间距不宜超过 1 000 m。

2 对于管径不大于 DN300 的 PE 管直管段，最大布设间距不宜超过 200 m。

3 应随管径的增大而相应递减。

4 应随管内压力的减小而相应递减。

5 应随接头、三通等管件的增多而相应递减。

5.3.10 检测前应测量背景噪声，并应在所选定的时段内连续记录。

5.3.11 应对传感器采集的数据与背景噪声进行现场初步分析，推断燃气管网是否发生泄漏，并应符合下列规定：

1 根据所设定的具体指标确定燃气泄漏判定标准。

2 对于符合燃气泄漏判定标准的数据，可认为该传感器附近发生了燃气泄漏。

5.3.12 应准确测定两个传感器之间管道的长度。准确记录管道长度、管材、管径、温度等信息，并根据管道声波传播速度进行泄漏点定位。管道泄漏点采用相关分析法进行定位(图 5.3.12)：

$$d_1 = \frac{d - c_2\tau}{2} \tag{5.3.12-1}$$

式中：d——两个传感器的间距(m)；

d_1——泄漏点距离传感器 1 的距离(m)；

τ——两个传感器采集信号的时间延迟(s)，一般可由互相关函数求得；

c_2——声波在燃气中的传播速度，需结合温度等进行确定：

$$c_2=\sqrt{\gamma\frac{RT}{M}} \tag{5.3.12-2}$$

式中：R——摩尔气体常数，约为 8.314 463 J/(mol·K)；

γ——绝热常数，等压热容和等容热容的比值；

T——燃气温度(K)；

M——燃气的摩尔质量(kg/mol)。

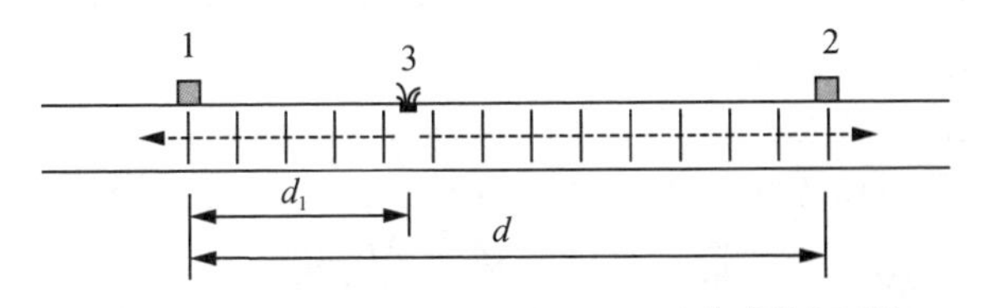

1—传感器 1；2—传感器 2；3—泄漏点；d—两个传感器的间距(m)；
d_1—泄漏点距离传感器 1 的距离(m)

图 5.3.12 燃气管道泄漏点定位相关分析法示意图

5.3.13 当采用管内式声学检测法时，宜避开城市用气高峰期，减小背景噪声的干扰。

5.3.14 当采用管内式声学检测法进行燃气泄漏定位时，应设置合适的滤波器频率范围；因燃气泄漏噪声主要集中在 200 Hz 以下，宜先对背景噪声的主频范围进行分析，设置的带通滤波的最低截止频率应高于背景噪声的主频范围。

5.4 燃气管道泄漏接触式声学检测与定位

5.4.1 接触式声学检测法通过加速度传感器采集沿管壁传播的振动信号，判断燃气管网是否发生泄漏，并根据管道的管材、管径等情况对泄漏点进行定位。

5.4.2 接触式声学检测法可采用固定和移动两种布设方式。当用于长期性的燃气管网监测时，加速度传感器宜采用固定布设方式；当用于对燃气管网泄漏点进行周期性检测时，宜采用移动布设方式。

5.4.3 接触式声学检测法所使用的传感器设备应符合下列规定：

1 时钟应在检测前设置为同一时刻。

2 当采用移动布设方式检测时，应在每次检测前进行检验和校准。

3 当采用固定布设方式检测时，应在安装前进行检验和校准，并在使用期间定期检验和校准。

5.4.4 采用接触式声学检测法应具备下列条件：

1 管道压力不应小于 0.15 MPa。

2 检测管道的管材为钢管和球墨铸铁管。

3 采样时环境噪声不宜大于 40 dB。

5.4.5 加速度传感器频率响应范围宜为 0 Hz～5 000 Hz，采样率不低于 10 000 Hz。

5.4.6 传感器布设范围内不应有持续的干扰噪声。

5.4.7 当采用接触式声学检测法进行燃气管道检测时，每个测点的数据采集时间不应少 60 s；对疑似燃气泄漏的异常点，重复采集的次数不应少于 5 次，并宜辅以其他检测设备同时进行检测。

5.4.8 传感器的布设应符合下列规定：

1 传感器应布设在同一条管道上，传感器的布设数量不宜少于 2 个。

2 传感器应竖直布设，并确保与管道接触良好。

3 传感器宜采用磁力安装座安装或胶粘剂粘接，更适用于移动布设方式。

4 宜布设在检查井或阀门井中的附属管件的金属部分。

5.4.9 传感器的布设间距应符合下列规定：

1 对于管径不大于 DN300 的金属管，最大布设间距不宜超过 50 m。

2 应随管径的增大而相应递减。

3 应随气压的减小而相应递减。

4 应随接头、三通等管件的增多而相应递减。

5.4.10 检测前应测量背景噪声，并应在所选定的时段内连续记录。

5.4.11 应对传感器采集的数据与背景噪声进行现场初步分析，推断燃气管网是否发生泄漏，并应符合下列规定：

1 根据所设定的具体指标确定燃气泄漏判定标准。

2 对于符合燃气泄漏判定标准的数据，可认为该传感器附近发生了燃气泄漏。

5.4.12 应准确测定两个传感器之间管道的长度。准确记录管道长度、管材、管径等信息，并根据管道声波传播速度进行泄漏点定位。管道泄漏点采用相关分析法进行定位(图 5.4.12)：

$$d_1 = \frac{d - c_1\tau}{2} \qquad (5.4.12)$$

式中：d——两个传感器的间距(m)；

d_1——泄漏点距离传感器 1 的距离(m)；

c_1——管壁声波传播速度(m/s)，需要根据管材、管径等信息确定管壁声波的频散曲线，根据泄漏信号间的主频区间选择对应的传播速度；

τ——两个传感器采集信号的时间延迟(s)，一般可由互相关函数求得。

5.4.13 当采用接触式声学检测法时，宜避开城市用气高峰期，尽可能选取夜间时刻进行数据采集，减小背景噪声的干扰。

5.4.14 当采用接触式声学检测法进行燃气泄漏定位时，应设

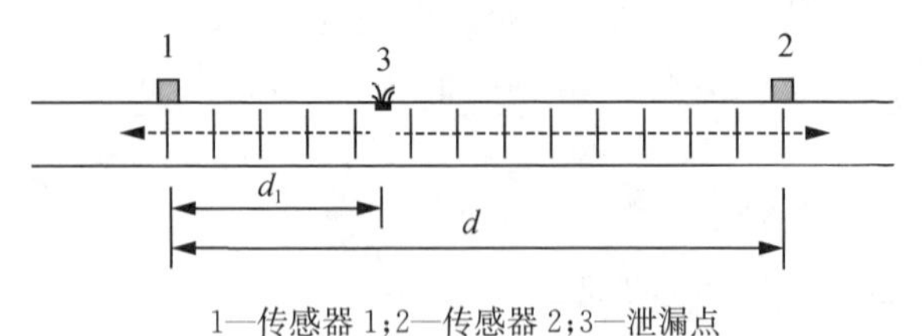

1—传感器 1;2—传感器 2;3—泄漏点

图 5.4.12 燃气管道泄漏点定位相关分析法示意图

置合适的滤波器频率范围,宜先对背景噪声的主频范围进行分析,设置的带通滤波的最低截止频率应高于背景噪声的主频范围。

5.5 燃气管网泄漏状态评估

5.5.1 燃气管网泄漏状态评估分为管道泄漏状态评估和管网泄漏状态评估。

5.5.2 燃气管网管道泄漏状态应根据泄漏点的等效直径(D)进行评价,应符合表 5.5.2 的规定。

表 5.5.2 燃气管道泄漏状态评估等级

等级	泄漏点等效直径(mm)
Ⅰ级	$D>10$
Ⅱ级	$3<D\leqslant 10$
Ⅲ级	$0<D\leqslant 3$
Ⅳ级	$D=0$

5.5.3 应根据燃气管段泄漏检测和评估,进行区域燃气管网泄漏状态评估。管道泄漏状况应采用同一检测周期内的泄漏点数量进行评估。管网评估等级应采用管网泄漏状况或管道结构性状中较高等级确定,应符合表 5.5.3 的规定。

表 5.5.3 燃气管网泄漏状态评估等级

等级	管道泄漏状况	管道结构性状况
Ⅰ级	平均每 10 km 存在下列条件之一： 1）Ⅰ级泄漏危险点数≥1； 2）Ⅱ级泄漏危险点数＞2	管道出现严重变形、管体断裂
Ⅱ级	平均每 10 km 存在下列条件之一： 1）0＜Ⅱ级泄漏危险点数≤2； 2）Ⅲ级泄漏危险点在以往半年曾发生过 2 次以上泄漏	管道出现局部变形、管体破裂现象
Ⅲ级	平均每 10 km 没有泄漏点或Ⅲ级泄漏危险点	无破损

6 成果要求

6.0.1 城镇供水和燃气管网泄漏声学检测与评估应编制成果报告，并建立数字化档案。

6.0.2 城镇供水和燃气管网泄漏声学检测作业后应填写本标准附录A和附录B中的记录表。

6.0.3 城镇供水和燃气管网泄漏检测与评估报告应包括下列内容：

1 检测与评估报告封面，应包括检测与评估工程名称、报告编号、单位名称、编制人员等。

2 工程概况，应包括工程的依据、范围、内容、目的和要求。

3 检测方案，应包括检测与评估区域基本情况，检测工作条件，检测线路，人员、设备与计划安排，检测工作量和开竣工日期等。

4 检测方法和仪器设备，作业依据的标准。

5 检测质量控制与检查。

6 检测成果及检验。

7 评估成果，应包括评估单元、评估结果。

8 结论与处理措施建议。

6.0.4 检测与评估报告应包含现场泄漏点影像资料。

6.0.5 检测与评估报告等资料应存档并保存5年以上。

附录 A　供水管网泄漏声学检测记录表

A.0.1　供水管网泄漏声学检测记录可选用表 A.0.1 的格式。

表 A.0.1　供水管网泄漏声学检测记录表

所属单位		检测时间		
泄漏点编号		泄漏点位置		
管材		管径(mm)		
覆土厚度(m)		管道埋设时间		
地面类型		管道破损形态	□环向裂缝□纵向裂缝□斜裂缝 □接口劈裂□接口剪切□接口脱开 □穿孔□破碎/爆裂 □其他(　)	
上覆土类型		管道泄漏部位	□接口□管身	
周围环境		泄漏点类型	□明漏□暗漏	
检测方法和使用仪器简要说明				
漏水点简要说明(位置示意图)				
成果验证相关说明(时间、漏水点照片、漏水点定位误差、计算漏水量等)				
处置措施建议				
检测人			审核人	

A.0.2 供水管道破损形态可选用图 A.0.2 类型。

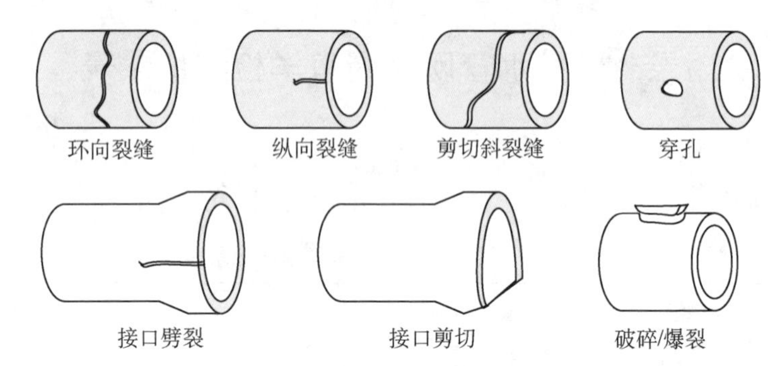

图 A.0.2 供水管道破损形态示意图

附录B　燃气管网泄漏声学检测记录表

B.0.1　燃气管网泄漏声学检测记录可选用表B.0.1的格式。

表B.0.1　燃气管网泄漏声学检测记录表

<table>
<tr><td>所属单位</td><td></td><td colspan="2">检测时间</td><td></td></tr>
<tr><td>管道名称</td><td></td><td colspan="2">检测长度</td><td></td></tr>
<tr><td>检测起点</td><td></td><td colspan="2">检测终点</td><td></td></tr>
<tr><td>管径</td><td></td><td colspan="2">压力</td><td></td></tr>
<tr><td>管材</td><td></td><td colspan="2">覆土厚度</td><td></td></tr>
<tr><td>检测方法</td><td></td><td colspan="2">检测仪器及编号</td><td></td></tr>
<tr><td>泄漏初检</td><td colspan="4"></td></tr>
<tr><td>泄漏判定</td><td colspan="4"></td></tr>
<tr><td rowspan="3">检测数据</td><td>时间</td><td>检测仪器编号</td><td>位置</td><td>有效声强</td></tr>
<tr><td></td><td></td><td></td><td></td></tr>
<tr><td></td><td></td><td></td><td></td></tr>
<tr><td>检测数据分析及定位</td><td colspan="4"></td></tr>
<tr><td>成果验证相关说明(时间、漏气点照片、漏气点定位误差、漏气点燃气浓度、计算漏点等效直径等)</td><td colspan="4"></td></tr>
<tr><td>处置措施建议</td><td colspan="4"></td></tr>
<tr><td>检测人</td><td></td><td>审核人</td><td colspan="2"></td></tr>
</table>

本标准用词说明

1 为便于在执行本标准条文时区别对待，对要求严格程度不同的用词说明如下：

1） 表示很严格，非这样做不可的用词：
正面词采用“必须”；
反面词采用“严禁”。

2） 表示严格，在正常情况下均应这样做的用词：
正面词采用“应”；
反面词采用“不应”或“不得”。

3） 表示允许稍有选择，在条件许可时首先应这样做的用词：
正面词采用“宜”；
反面词采用“不宜”。

4） 表示有选择，在一定条件下可以这样做的用词，采用“可”。

2 条文中指明应按其他有关标准执行时的写法为“应符合……的规定”或“应按……执行”。

引用标准名录

1 《城镇燃气设施运行、维护和抢修安全技术规程》CJJ 51
2 《城市地下管线探测技术规程》CJJ 61
3 《城镇供水管网漏损控制及评定标准》CJJ 92
4 《城镇供水管网漏水探测技术规程》CJJ 159
5 《城镇供水管网运行、维护及安全技术规程》CJJ 207
6 《城镇燃气管网泄漏检测技术规程》GJJ/T 215

上海市工程建设规范

城镇供水和燃气管网泄漏声学检测与评估技术标准

DG/TJ 08—2412—2023

J 16907—2023

条 文 说 明

2023　上海

目　次

Contents

1 总 则

1.0.1 本条阐述了制定本标准的目的和依据。本标准实施的直接作用是规范城镇供水和燃气管网泄漏声学检测与评估方法，提高管网泄漏检测精度与效率，应达到的目的是及时发现和判断管网泄漏，准确查找并定位泄漏点，控制管网漏损，提高管网安全运行水平，减少泄漏损失。

1.0.2 本条阐述了本标准的适用范围。

1.0.3 本条阐述了在供水和燃气管网泄漏声学检测活动中应积极采用各种创新成果和相应的约束条件。

1.0.4 本条阐述了执行本标准与执行相关标准的关系。

3 基本规定

3.0.1 本条规定了城镇供水和燃气管网泄漏声学检测应遵循的规定。城镇供水和燃气管网泄漏声学检测方法属于基于声学信号处理的间接检测的方式，每一种声学检测技术具有其局限性和条件适应性，故在实施泄漏检测的过程中应充分利用已有管线和供水、供气状况的信息资料，包括管径、管材、覆土厚度、埋设年代、压力等，以提高检测功效和成果的可靠程度。本条还特别提出条件复杂情况下单一检测难以达到检测效果时，应考虑采用多种方法综合检测，提高检测效果。此外，城镇供水和燃气管网与城市日常生产与生活密切相关，同时其大多沿城市道路敷设，因此要求检测工作实施时应尽可能减少对供水和燃气管网运营与交通的影响。

3.0.2 本条规定了开展检测与评估前的准备工作。在检测评估前应先掌握检测区域范围内管网分布状况资料，包括管道覆土厚度、管径、材质、接口类型、埋设时间、历史泄漏资料以及压力、流量、用户信息资料以及区域范围噪声等情况。

3.0.3 本条规定了声学检测方法应考虑的因素以及泄漏检测位置。城镇供水和燃气管网泄漏声学检测方法选择受管道基础信息、环境条件、检测条件等因素影响，为提高检测效果，应综合考虑各方面影响因素确定检测方法与实施手段。针对接触式和管内式需考虑管网中的阀门井、检查井或表井等可接触管道的位置。

3.0.4 为提高泄漏声学检测效率，在确定检测路线前，首先通过管网基础信息对管网风险开展评价，获取管网基本情况、安全状态等信息，并综合确定检测实施方案。

3.0.5 本条规定了管网泄漏声学检测工作时应考虑的外部环境条件。检测环境对泄漏声学检测结果影响较大，在实施检测活动时应避免恶劣天气或强噪声干扰环境。

3.0.6 仪器设备是管网泄漏声学检测的必备工具，是获得可靠检测信息、保证检测质量和提高工作效率的基本保证。因此，本条规定检测仪器设备应按照规定进行保养、校验。

3.0.7 本条规定了泄漏检测中的泄漏点记录要求，包括泄漏点描述、泄漏点所在管道、所处环境等基本信息记录要求。管道部位一般指管道管体、管道接头，具体可描述泄漏点在管道圆周位置，如管道管体顶部。泄漏状态可进行泄漏点状态的描述，如渗漏、滴漏、喷射、爆管等。管道上覆土类型一般指杂填土、砂性土、碎石土、黏性土等。地面类型一般指沥青路面、混凝土路面、土质路面、碎石路面、行人道板、行人道砖、草地等。同时为确保泄漏点信息记录清晰、形象，建议采用声音和影像记录等形式对泄漏点及周围信息进行记录。

3.0.8 本条规定了城镇供水和燃气管网泄漏声学检测作业时的注意事项。管网泄漏声学检测作业过程中有时会触及管道结构甚至布设和运行检测设备，应避免因检测作业而引起的如供水管道结构、水质、燃气管道结构、燃气爆炸等供水和供气安全问题。

3.0.9 本条对城镇供水和燃气管网泄漏声学检测作业安全进行规定，并对检测过程中可能实施的打钻或开挖作业安全进行了规定。现行行业标准《城市地下管线探测技术规程》CJJ 61、《城镇供水管网运行、维护及安全技术规程》CJJ 207 和《城镇燃气设施运行、维护和抢修安全技术规程》CJJ 51 已对城市地下管线探测和维护作业安全保护作出了相关规定，在进行管网泄漏声学检测时应遵照执行。打钻或开挖前，按照《上海市城市道路与地下管线施工管理暂行办法》和《上海市道路地下管线保护若干规定》的相关要求进行管线交底。同时提出了在打钻或开挖时，应防止泄漏燃气管线发生起火、爆炸，不应损坏管道和周边地下管线和设施的要求。

3.0.10 本条对泄漏检测现场工作人员着装、现场警示标志和必要围栏的设置等作出了严格的相关规定，对于保障现场工作人员、周边流动人员和交通安全都是十分必要的。

4 供水管网泄漏声学检测与评估

4.1 一般规定

4.1.1 本条阐述了供水管网泄漏检测相关要求。对不同管道材质、工作压力、使用年限、周围环境和用户性质等不同情况下的检测周期作出相关规定。其中,针对重要地区、敏感场所供水管网应在第1～4款检测周期基础上适当提高泄漏检测频度,具体需要根据地区的重要度和敏感度来进行分析确定。保障期间,保障场所周边供水管网应在第1～4款检测周期基础上加强泄漏检测频度和力度,具体需要根据保障期时间、保障场所重要度来进行分析确定。

4.1.2 本条对检漏设备配置提出了依据。

4.1.3 本条阐述了管网泄漏检测成果检验的重要性,并对测量泄漏点计算定位误差和定位准确率作出了规定。漏水点定位误差和漏水点定位准确率是评价漏水检测质量的主要指标。

4.2 供水管网泄漏声学检测流程与方法

4.2.1 本条阐述了城镇供水管网泄漏检测与评估的工作程序。

4.2.2 本条阐述了城镇供水管网泄漏检测准备内容,包括供水管网现状资料、现场踏勘调查现状和检测管段的选择。

4.2.3 本条阐述了供水管网泄漏声学检测方法。对于不同的检测位置,可采用听音法、地面声学阵列法、噪声法、相关分析法等多种检测方法,检测方法应根据管道覆土厚度、管道压力、环境噪声、管径等条件来选择。

4.3 供水管道泄漏地面式声学检测与定位

4.3.1 本条阐述了供水管道泄漏地面式声学检测与定位可采用的方法。另外,分布式光纤声波检测法可作为一种声音采集新技术,在满足相关条件下使用。

4.3.2 本条阐述了地面听音法的适用范围,规定了漏水点普查和初步定位应符合现行行业标准《城镇供水管网漏水探测技术规程》CJJ 159 的规定。

4.3.3 本条阐述了地面声学阵列法的适用范围,并规定了管道水压、管道覆土厚度、布设间距、布设数量、环境噪声和采集时间等相关内容。

4.4 供水管道泄漏接触式声学检测与定位

4.4.1 本条阐述了供水管道泄漏接触式声学检测与定位可采用的方法。

4.4.2 本条阐述了选择管壁听音法、阀栓听音法或钻孔听音法的依据,应符合现行行业标准《城镇供水管网漏水探测技术规程》CJJ 159 的规定。同时,对管道供水压力、环境噪声、测点听音时间、听音设备等相关内容作出了规定。

4.4.3 本条阐述了噪声法的设置方式以及选取设置方式的依据。对于长期性的漏水监测与预警,宜采用固定设置方式;对于漏水点预定位,宜采用移动设置方式。两种设置方式应符合现行行业标准《城镇供水管网漏水探测技术规程》CJJ 159 的规定。同时,规定了噪声检测点的布设要求、噪声法漏水检测的基本程序、噪声记录仪布设间距与注意事项等相关内容。采用噪声法测漏时,噪声记录仪可采用压电式、光纤式等类型的传感元件。

4.4.4 本条阐述了相关分析法的适用范围,应符合现行行业标准《城镇供水管网漏水探测技术规程》CJJ 159 的规定。对管道水压、传感器最大布设间距、布设要求、准确测量传感器之间的管段长度作出了相关规定。

4.5 供水管道泄漏管内式声学检测与定位

4.5.1 本条规定了供水管道泄漏管内式声学检测与定位可采用的方法。

4.5.2 本条规定了管内式声学检测宜采用的检测方式以及检测时的注意事项。

4.5.3 本条规定了管内水听器的适用范围，并从管道水压、检测范围、水听器安装注意事项和水听器布设要求四个方面作出了规定。

4.5.4 本条规定了管内自由移动式检测的相关要求。对管道内径、管道压力、流体流速、检测管段、投放点与回收点、检测前与检测后等内容作出了相关规定。

4.5.5 本条规定了管内有缆式检测相关要求。对管道内径、管道压力、流体流速、检测区域范围内单个管道弯度和累计弯度、管道覆土厚度、检测前、检测时、检测后的注意事项作出了规定。

4.6 供水管网泄漏状态评估

4.6.1 本条规定了供水管网泄漏状态应从管道和管网两个层次开展评估。

4.6.2 本条规定了管径＜DN300、DN300≤管径＜DN1000、管径≥DN1000 供水管网管道泄漏状态评估根据泄漏点单位时间漏水量分为Ⅰ级、Ⅱ级、Ⅲ级和Ⅳ级四个等级，分别对应大漏、中漏、小漏和不漏四种状态。泄漏点单位时间漏水量可采用估算法、容积法、导入法和经验公式法获取。

4.6.3 区域供水管网的泄漏状态评估是在供水管段泄漏检测和评估的基础上进行的。根据划分的评估单元，10 km 为一个评估单元，开展区域管网的评估。考虑管网检测和评估的时间周期，管网的评估需要采用同一检测周期内的泄漏点数量和泄漏点危险程度综合进行评估。管网评估开展管道泄漏状况评估和管道结构性状况评估，最终的管网评估等级分为Ⅰ级、Ⅱ级、Ⅲ级和Ⅳ级四个等级，采用管网泄漏状况或管道结构性状中较高等级确定。

5 燃气管网泄漏声学检测与评估

5.1 一般规定

5.1.1 本条规定了检测周期为泄漏检测工作的最长间隔，燃气供应单位可根据实际情况自行制定较为灵活的泄漏检测周期，但不得低于本标准的要求。

5.1.2 本条规定了燃气管网泄漏检测时需要参考的现场因素，根据不同的条件，宜对本标准第5.1.1条所规定的检测频率进行调整。

5.1.3 目前有多种形式的泄漏检测仪器，本条对检测仪器的选配提出了建议，根据实际工程，可以单独选配，也可以配置具备多种功能的综合检测设备。

5.1.4 本条规定了声学检测时对燃气泄漏定位精度的要求。

5.1.5 因城市地下市政设施情况复杂，钻孔前需要查明其他市政设施的资料，摸清其具体部位，防止钻孔时破坏其他市政设施。

5.1.6 本条对开挖时设置警戒区作了详细规定。

5.1.7 本条对开挖过程中周围环境燃气浓度的监测作了详细规定。

5.2 燃气管网泄漏声学检测流程与方法

5.2.1 本条规定了城市燃气管网泄漏检测与评估的工作程序。

5.2.2 本条规定了燃气管道的常规泄漏检测程序和燃气管道附属设施的泄漏检测程序。

5.2.3 针对不同类别的燃气设备设施采用的检测方法也不同，

本条按照不同的检测项目推荐几类检测方法以供选择。仪器检测法是指利用各种检测仪器进行泄漏检测,此种方法是客观的方法。环境观察法一般指通过观察植被、面积雪颜色及异常气味等判断是否有疑似泄漏存在的情况。气相色谱分析法是采用分析仪器对混合气体内的各组分进行分析,进而明确气体种类的方法。钻孔检测法是在管道上方沿管道走向钻孔,并结合检测仪器检测孔内的气体浓度,确认泄漏部位的方法。激光甲烷遥测技术是可以不接触被测物体表面就能检测出是否有燃气泄漏的检测技术,对于难以通过接触进行检测的架空管道,一般采用此种非接触型检测方法。

泄漏检测是一个复杂的过程,除架空管道外,使用单一的方法一般不能达到既检测出泄漏又能进行泄漏点定位的要求,往往需要组合采用几种检测方法。但不论组合采用哪几种方法,都需要以仪器检测方法为主。

5.2.4 本条对燃气管网泄漏检测的仪器检测给出了建议,并分别给出了气体仪器检测和声学仪器检测的相应规定。

5.2.5 本条规定了燃气管网泄漏声学检测方法的分类及选择依据。对不同检测位置采取不同检测方法,以及每种检测方法的适用条件作出了规定。

5.2.6 本条规定了埋地燃气管道泄漏检测时的注意事项。在用仪器检测的同时观察周围的环境,可以快速、直接地发现问题,及时排除泄漏隐患。在泄漏检测过程中,经常遇到泄漏检测仪器有浓度显示但未发生燃气泄漏的情况,这种情况称为疑似泄漏。疑似泄漏是由于一些干扰因素造成的,这些干扰因素包括汽车尾气干扰、沼气干扰、化学污染等,发现疑似泄漏情况后需要进一步进行泄漏检测,确认是否有泄漏和泄漏气体的种类,减少误开挖造成的损失。

5.2.7 泄漏判定需要对燃气的组分进行分析,气相色谱分析法是比较有效的方法。目前,泄漏判定最常见的情况是区分天然气与沼气，由于天然气与沼气的主要成分均为甲烷，泄漏检测仪器检测到甲烷的存在并不能说明是何种气体，还需要通过分析其他组分进行判别，目前主要通过分析乙烷含量来区分上述两种气体；由于天然气中含有乙烷，而沼气中则不含乙烷，因此，分析出乙烷成分的存在就可以判定是天然气泄漏。

5.2.8 本条规定了架空燃气管道和露明附属设施可采用的检测仪器、检测方法和检测距离。

5.3 燃气管道泄漏管内式声学检测与定位

5.3.1 本条规定了管内式声学检测法的适用范围。

5.3.2 本条规定了管内式声学检测法的工作方式。固定布设一般用于对燃气管网的长期监测。

5.3.3 本条规定了管内式声学检测法所采用的传感器检验和校准的内容和周期。同步时间是检测的基本条件，保证所有传感器能同步采集数据。

5.3.4 本条规定了管内式声学检测法的应用条件。为保证取得较为理想的检测效果，需要要求管道压力较大，同时保证环境相对安静，才能保证传感器能够采集到足够识别的泄漏噪声。经实践总结，当管道压力不小于 0.1 MPa、环境噪声低于 40 dB 时效果较好，否则难以取得理想的检测效果。

5.3.5 本条规定了传感器频率响应范围，是经实践检验必要、适当和可行的。

5.3.6 本条规定了传感器布设的基本要求。布设点不应有持续的干扰噪声。

5.3.7 本条规定了传感器的采集时间。为保证管内式声学检测法的检测效果，至少在每个测点上采集 60 s，减小偶然因素的影响。实践证明，每个测点进行不少于 5 次的重复数据采集，是保证管内式声学检测法检测效果的有效措施。

5.3.8 本条文对传感器的布设提出了技术要求。传感器应置于管道、阀门等附属设备上，用于检测泄漏噪声。由于传感器需要检测沿着管内燃气传播的泄漏噪声，对于提前预留接口的管道可以直接接入，对于未预留的管道需要通过实地考察开孔条件增设接口。

5.3.9 本条规定了传感器的布设间距。布设间距主要取决于管材，其次应考虑管径、管压、管件、接口、分支管道、埋设环境等因素，以便于比较泄漏噪声强度和频率分布特征。针对不同类型和环境管道，可通过现场测试试验方法确定布设间距。

5.3.10 本条规定了管内式声学检测法测量中背景噪声的记录要求。通过对传感器采集的噪声数据与历史的背景噪声数据进行分析可用于初步判断燃气管网是否发生泄漏。

5.3.11 本条规定了管内式声学检测法对记录数据进行分析，以判定管网是否发生泄漏。泄漏判定标准一般根据传感器采集的信号强度、频率分布而确定。

5.3.12 本条规定了用管内式声学检测法进行燃气泄漏定位的计算公式。两个传感器的时间延迟可通过相关分析法确定，泄漏噪声的传播速度可根据具体的计算公式求得，此时需要考虑管道的压力以及测量时的温度。

5.3.13 本条规定了测试点压力数据采集时段选择的要求，减小管道内其他噪声源的干扰。

5.3.14 本条说明了管内式声学检测法检测时宜采用的滤波器频率范围。

5.4 燃气管道泄漏接触式声学检测与定位

5.4.1 本条规定了接触式声学检测法的适用范围。

5.4.2 本条规定了接触式声学检测法的工作方式。当用于长期性的燃气管网监测时，传感器宜采用固定布设方式；当用于对燃气管网泄漏点进行周期性检测时，宜采用移动布设方式。

5.4.3 本条规定了接触式声学检测法所采用的传感器检验和校准的内容和周期。同步时间是检测的基本条件，保证所有传感器能同步采集数据。

5.4.4 本条规定了接触式声学检测法的应用条件。为保证取得较为理想的检测效果，需要要求管道压力较大，同时保证环境相对安静，才能保证传感器能够采集到足够识别的泄漏噪声。经实践总结，当管道压力不小于 0.15 MPa、环境噪声低于 40 dB 时效果较好，否则难以取得理想的检测效果。

5.4.5 本条规定了传感器频率响应范围，是经实践检验必要、适当和可行的。

5.4.6 本条规定了传感器布设的基本要求。布设点不应有持续的干扰噪声。

5.4.7 本条规定了传感器的采集时间。为保证管壁声学检测法的检测效果，至少在每个测点上采集 60 s，减小偶然因素的影响。实践证明，每个测点进行不少于 5 次的重复数据采集，是保证管壁声学检测法检测效果的有效措施。

5.4.8 本条对传感器的布设提出了技术要求。传感器应置于管道、阀门等附属设备上，用于检测泄漏噪声。

5.4.9 本条规定了传感器的布设间距。布设间距主要取决于管材，其次应考虑管径、管压、管件、接口、分支管道、埋设环境等因素，以便于比较泄漏噪声强度和频率分布特征。针对不同类型和环境管道，可通过现场测试试验方法确定布设间距。

5.4.10 本条规定了接触式声学检测法测量中背景噪声的记录要求。通过对传感器采集的噪声数据与历史的背景噪声数据进行分析可用于初步判断燃气管网是否发生泄漏。

5.4.11 本条规定了接触式声学检测法对记录数据进行分析，以判定管网是否发生泄漏。泄漏判定标准一般根据传感器采集的信号强度、频率分布而确定。

5.4.12 本条规定了用接触式声学检测法进行燃气泄漏定位的计算公式。两个传感器的时间延迟可通过相关分析法确定，泄漏噪声的传播速度需要根据管道的材料属性、几何特征计算相应的频散曲线，再结合实测信号的主频范围确定传播速度。

5.4.13 本条规定了测试点压力数据采集时段选择的要求，减小管道内其他噪声源的干扰。

5.4.14 本条说明了接触式声学检测法检测时宜采用的滤波器频率范围。

5.5 燃气管网泄漏状态评估

5.5.1 本条规定了燃气管网泄漏状态评估应从管道和管网两个层次开展评估，管道需要根据泄漏点状态进行分级。在管道评估的基础上，根据划分的评估单元，如 10 km 为一个评估单元，开展区域管网的评估。

5.5.2 本条规定了燃气管网管道泄漏状态的评级标准，需参考泄漏点等效直径，该值通过参考英国、德国、日本等管道公司实际检测结果进行制定。不同等级泄漏点等效直径对应的燃气管道泄漏点单位时间泄漏量(Q_g)可根据下列公式估算：

当 $\frac{p_a}{p} \leqslant \left(\frac{2}{\kappa+1}\right)^{\frac{\kappa}{\kappa+1}}$ 时

$$Q_g = C_d A p \sqrt{\frac{M\kappa}{RT}\left(\frac{2}{\kappa+1}\right)^{\frac{\kappa+1}{\kappa-1}}} \tag{1}$$

当 $\frac{p_a}{p} > \left(\frac{2}{\kappa+1}\right)^{\frac{\kappa}{\kappa+1}}$ 时

$$Q_g = C_d A p \sqrt{\frac{2\kappa}{\kappa-1}\frac{M\kappa}{RT}\left[\left(\frac{p_a}{p}\right)^{\frac{2}{\kappa}} - \left(\frac{p_a}{p}\right)^{\frac{\kappa+1}{\kappa}}\right]} \tag{2}$$

式中：Q_g——燃气管道泄漏点单位时间泄漏量(kg/s)；

p_a——环境压力(Pa)；

p——燃气管道压力(Pa)；

κ——燃气的等熵指数；

C_d——燃气的泄漏系数，圆形取 1，长方形取 0.9；

A——泄漏孔面积(m^2)；

M——燃气摩尔质量(kg/mol)；

R——摩尔气体常数，约为 8.314 463 J/(mol·K)；

T——燃气温度(K)。

5.5.3 区域燃气管网的泄漏状态评估是在燃气管段泄漏检测和评估的基础上进行的。根据划分的评估单元，如 10 km 为一个评估单元，开展区域管网的评估。考虑管网检测和评估的时间周期，管网的评估需要采用同一检测周期内的泄漏点数量和泄漏点危险程度综合进行评估。管网评估开展管道泄漏状况评估和管道结构性状况评估，最终的管网评估等级采用管网泄漏状况或管道结构性状中较高等级确定。

6 成果要求

6.0.1 城镇供水和燃气管网泄漏声学检测与评估工作需要在现场工作后编制并提交完整的成果报告，建立数字化档案，便于后续检测与评估工作开展。

6.0.2 城镇供水和燃气管网泄漏声学检测作业后需及时、完整、真实记录检测情况，并填写本标准附录A和附录B中的记录表。

6.0.3 本条规定了检测与评估报告的基本内容。

6.0.4 检测与评估报告应包含现场泄漏点影像资料，影像资料需要完整记录检测作业泄漏点情况，并进行标识与编号，方便查阅。

6.0.5 为方便检测与评估工作的持续开展，检测现场作业资料、成果报告等资料应存档并保存5年以上，方便后续检测与评估周期调阅相关资料。